© Verlag Heiderose Fischer-Nagel,
Brunnenstraße 7, D-34286 Spangenberg
Tel.: 05663-280, Fax: 05663-6562
E-Mail: fischer-nagel@t-online.de, URL: www.fischer-nagel.de

Fotos:
Seite 23-24: Klaus Bogon; Seite 10 l., 11 r., 17 o., 19 l.o.u. + r.u., 20 l.u. + r.o., 21 unten alle, 32 r.u., 33, 34 r.u., 36, 37 l.o., 40 r.o., 41: Andreas Fischer-Nagel;
Arco: Titelseite NPL Fergus Gill; Seite 8 l. NPL Warwick Sloss, 8 r.u., 24, 30, 31 NPL Florian Möllers;
shutterstock: Seite 7 Mitte Simon Kovacic, 7 l.u. Bumble Dee, 8 r.o. Darina Matasova, 9 l.o.Andrew M. Allport, 9 r.o.Karin Jaehne, 2 Nature Bird Photography, 12 Miroslav Hlavko, 12 Pim Leijen, 13 l.u. l i g h t p o e t, 13 r.e. Martin Prochazkacz, 14 r. turtix, 15 l.o. Akulinina, 16 l., 34 l., 38 r.u. Erni, 16 r.o. Brian E Kushner,18 r.u. Angela N Perryman, 21 r.o. Andrew M. Allport, 24 r. Kyle Moore, 25 r.o. Martin Prochazkacz, 26 r.o.GUIDO BISSATTINI, 26 r.u. Ondrej Prosicky, l.u.+r.o. Miroslav Hlavko, 28 Tony Campbell, 29 l. Jay Ondreicka, 29 r.u. jennyt, 32 l. StorMikl, 35 o. Gallinago_media, 35 r.u. francesco de marco, 32 l.o.shaftinaction, 38 l.u.+39 r. Bildagentur Zoonar GmbH, 38 r.o. Vishnevskiy Vasily, 38 r.u. Branislav Cerven, 39 l.u. scooperdigital, Bildagentur Zoonar GmbH, 40 r.u. Photografiero, 42 r. Dr Morley Read, 45 l.o. Robert Adamec, 45 l.u. Nicola Pulham, 45 r.o. venars.original, 45 r.M. panutc;
wickipedia: Seite 7 r.o. Gilles San Martin, 9 l.u. JJ Harrison, 10 o. Ralf Roletschek/Wikipedia, 11 l. Dennis Jarvis, 13 r.o. Robbie Morrison, 14 l. Klaus Roggel, 16 r.u. Ruggero Turra, 17 l.u. Jacob Köhler, 17 r.u. Artemy Voikhansky, 18 l.o. Keith, 18 l.u. dpa ,18 r.o. Jotpe, 20 u. + 21 u. Acabashi, 25 u. Chris. P, 27 r.u. Zwiegel, 29 r.o. Carsten Volkwein, 37 r. Dirk Ingo Franke, 42 l. H. Krisp, 43 l. Andreas Eichler, 43 r.o. Gorupka, 43 r.u. Jörg Hempel, 44 l. sumanta pramanick, 44 r. LuxTonnerre,
Druck und Bindung: Westermann Druck Zwickau GmbH
Printed in Germany

ISBN 978-3-930038-67-1

Heiderose und Andreas Fischer-Nagel

Wildtiere erobern die Stadt

Verlag Heiderose Fischer-Nagel

Die verlockende Stadt

Früher mussten die Menschen aus der Stadt aufs Land fahren, um Wildtiere in der Natur erleben zu können. Heutzutage haben die Wildtiere die Städte als Lebensraum entdeckt. Hier finden sie Nahrung und sind so unsere Nachbarn geworden.

Schauen wir uns einmal genau an, wie viele verschiedene Tierarten in die Städte gezogen sind, können wir schon von einer »Landflucht der Tiere« sprechen.
Wie kommt es dazu? Ist es draußen in der Natur nicht viel schöner für die Tiere als in der Stadt? Warum flüchteten sie? Sie haben ihre Lebensräume verloren, weil sich die Landschaft zu sehr verändert hat. Zuerst versuchten die Tiere, sich an die neuen Lebensbedingungen anzupassen. Manchen gelang es, andere kamen mit der veränderten Umwelt nicht zurecht und waren rasch vom Aussterben bedroht.
Städte bieten ihnen eine neue Heimat, in der es zudem deutlich weniger Feinde gibt.

Bedrohte Landschaft

Dort, wo früher Wälder und bunte Wiesen einen idealen Lebensraum boten, zerteilen heute Straßen die Landschaft, Millionen Tiere fallen deshalb jedes Jahr dem Verkehr zum Opfer.
Wiesen und Wälder haben sich verändert und sind oft nur noch artenarme Flächen. Die Felder werden mit immer größeren Maschinen bearbeitet, die Feldränder zerstört.
Nur selten trennen Sträucher als Hecken diese Flächen, sodass die Tiere keinerlei Rückzugsmöglichkeiten haben.
Der Boden wird so tief gepflügt, dass alle Kleinstlebewesen und Erdbewohner, wie Käfer, Mäuse, Feldhamster und Kaninchen, sterben oder vertrieben werden. Die Landschaft hat ihren Wert als Biotop verloren.
Zu wenig Nahrung und ein zu sehr veränderter Lebensraum haben die Tiere in die Stadt getrieben.

Verarmte Wälder, in denen nur Fichten wachsen, Millionen durch den Straßenverkehr getötete Tiere, mit Spritzmitteln (Pestiziden) getränkte Felder ließen die Tiere in die Stadt ziehen.

Wo sich Fuchs und Hase »Gute Nacht« sagen

Stadtmenschen staunen über die neuen Bewohner. Ein Fuchs streift wie selbstverständlich mitten in Berlin um das Bundeskanzleramt, durchstöbert an viel befahrenen Straßen die Mülltonnen. Eine Rotte Wildschweine wühlt einen Mittelstreifen um und ein unerschrockener Falke hat eine Nische im Rathausturm mit-

ten in der Stadt bezogen. All diese Tiere, die in die Stadt ziehen, sind extrem anpassungsfähig. Das unterscheidet sie von jenen, die im Verhalten zu spezialisiert sind und in ihrem ursprünglichen Lebensraum aussterben, sobald er sich zu stark verändert.

Die »Anpasser« nutzen die Städte, in denen es zwischen den Häusern warm und kuschelig bleibt, weil die vielen Energiequellen für mehr Wärme sorgen. Häuser

Die Nebelkrähe auf S. 8 oben sucht im Müll nach Futter. Auf dem Dach zieht eine Silbermöwe ihr Junges auf. Ob die drei Turmfalkenkinder sie beobachten? Oder nehmen sie das Wildkaninchen in Augenschein?

aus Stein speichern Wärme, sodass es auch nachts deutlich wärmer ist als auf dem Land. Im Frühling wird es hier deshalb schneller grün und im Winter dauert es länger, bis der Frost tief in den Boden gezogen ist.
Weniger schön sind die Dunstglocken, die sich manchmal über der Stadt bilden. Doch hier ist man achtsamer als auf dem Land. Um dafür zu sorgen, dass die Schadstoffbelastungen nicht zu hoch werden, beachten die Menschen die strengen Vorschriften zum Schutz der Umwelt.

Lebensraum Stadt

In Städten wird im Winter kein Salz gestreut und es dürfen so gut wie keine Schädlingsbekämpfungsmittel gespritzt werden. Es wird auf Umweltschutz geachtet, denn hier weiß man inzwischen, wie kostbar jede Pflanze und jedes Tier sind.
Als Folge wachsen Wildkräuter, hübsch blühende Pflanzen, die zahlreiche

Samen tragen. Überall in der Stadt, in Ritzen und Fugen, an Bahndämmen, am Straßenrand fassen sie Fuß und dienen verschiedenen Insekten und Vögeln als Nahrung. Hinzu kommen besondere Nahrungsquellen, nämlich die vom Frühjahr bis in den Herbst blühenden Zierpflanzen auf Balkonen, Terrassen, Gärten, Parks und Friedhöfen.
Weil der neue künstliche Lebensraum »Stadt« unzähligen Kleintieren Un-

terschlupf bietet, schafft er einen reich gedeckten Tisch für die »Anpasser«, größere Tiere, die sich schnell auf neue Möglichkeiten einstellen. Zusätzliche Nahrung versprechen außerdem die überlaufenden Mülltonnen und weggeworfenen Lebensmittel.
In wilden Ecken, alten Bäumen mit Höhlen, in der Kanalisation, auf Schrottplät-

zen und unter Dachvorsprüngen – überall finden die Tiere ein geeignetes neues Zuhause.
Zu den Städten gehört oft ein attraktives Umland mit Reiterhöfen, Weideflächen und jede Menge Pferdeäppeln, die Fliegen und andere Insekten magisch anziehen.

Einige tierische Stadtbewohner gibt es schon lange: Ratten und Mäuse in Häusern und Abfallgruben, Igel und Eichhörnchen in Gärten, Parks und Friedhöfen.
Zahlreiche Vogelarten werden an die Futterhäuser gelockt, während größere, wie Krähen, Dohlen und Möwen auf Müllkippen nach Futter suchen.
Die »Alten« haben sich dort gut gehalten, vermehrt und in Frieden gelebt. Jetzt müssen sie ihren Lebensraum mit den Neuen, den »Zuwanderern« teilen, mit Füchsen, Wildschweinen, Rehen, Dachsen und Waschbären, Insekten, Spinnen und sogar exotischen Tieren, wie den Halsbandsittichen *(Bild links)*.

Fliegende Jäger

Es gibt Großstädte, die bestehen aus Betonwüsten. Stein, Stahl und Glasfassaden beherrschen das Bild - Straßen ohne Sonnenlicht und Grün. Und doch! Selbst hier leben Vögel. Diejenigen, die die schroffen Hauswände als Felsen betrachten, Nischen und Vorsprünge, Dachböden und Turmfenster als Höhlen nutzen, haben hoch am Himmel ihre Kreise gezogen und den neuen steinigen Lebensraum für sich entdeckt.

Zu ihnen gehört der Turmfalke. Einst lebte er auf Felsen und hohen Bäumen, jetzt ist es der Vogel der Kirchtürme und Hochhäuser, dessen lauter Ruf »kikiki« über die Häuser schallt. Der Turmfalke hat ein braungeschecktes Gefieder, sein Kopf ist grau und wenn er auf der Jagd ist, siehst du ihn, geradezu in der Luft stehend, mit den Flügeln rütteln. Mit seinen scharfen Augen hat er ganz unten in einer winzigen Grünanlage eine Maus

entdeckt. Im Sturzflug saust er hernieder, packt den kleinen Nager und bringt ihn hinauf in sein Nest. Dort warten seine hungrigen Jungen auf Futter.

Was der Turmfalke am Tag erledigt, übernimmt nachts eine Eule, der niedliche Waldkauz. Durch sein graubraunes Federkleid ist er bestens getarnt. Oft sitzt er auch tagsüber in den Höhlen alter Bäume in Parks und auf Friedhöfen, von wo aus er das Treiben unter sich in Ruhe beobachtet. Nicht selten bewohnt er Dachböden, Kirchtürme und sogar Mauernischen.

Schon im Herbst beginnt die erste Balzzeit der Käuze, in der die Partner wieder zueinander finden. Ab Januar kannst du dann jede Nacht weithin ihr gespenstisches »huhuhu« und »kiwitt - kiwitt« hören. In den Höhlen geschützt wachsen die kleinen Käuzchen auf. Noch nicht flügge verlassen sie diese nach etwa 30 Tagen, werden aber noch über zwei Monate weiter gefüttert.

Felsenbewohner

Ein besonderer Luftakrobat ist der Mauersegler.
In Schwärmen sausen die Mauersegler mit einer Geschwindigkeit von bis zu 200 km/h schrill rufend an den Fenstern der oberen Häuser-Stockwerke vorbei.

Mauersegler sind Zugvögel, die erst im Mai zu uns aus Afrika zurückkehren. Sie können nicht aus dem Stand losfliegen, sondern hängen an den Fassaden, fangen Insekten aus der Luft und bauen ihre Nester in Nischen unter dem Dachvorsprung. Nur während der Brut harren sie auf dem Nest aus.
Manchmal landet ein Mauersegler aus Versehen in einer Wohnung. Wahrscheinlich stand ein Fenster weit offen und er ist einfach über sein Ziel hinausgeschossen. Hilflos sitzt er da und kommt nicht fort. Was tun? Nimm ihn vorsichtig in die Hände und wirf ihn aus dem Fenster, hoch hinauf in die Luft! Mit schrillem Ruf breitet er die Flügel aus und fliegt davon.

Es heißt zwar: »Die Spatzen pfeifen es von den Dächern«, doch pfeifen und singen kann der Star *(S. 15 oben)* viel besser. Gern tut er dies auch von Hausdächern, unter denen er oft sein Nest anlegt.
Im Gegensatz zu den Hausspatzen *(oben)*, die das ganze Jahr über bei uns bleiben, ist der Star eigentlich ein Zugvogel. Städte bieten diesen gewitzten Vögeln aber oft auch im Winter so viel Nahrung und Wärme, dass sie sich die anstrengende Reise sparen.

Tauben leben schon sehr lange in der Stadt. Bevor sie dorthin zogen, waren sie Felsenbewohner. Stadttauben sind zutrauliche Vögel, die sich über Brotkrümel freuen und ohne Scheu zwischen den Menschen herumlaufen. Sie sind Allesfresser und finden überall etwas zu futtern. Die Tauben sind nicht gern gesehen. Die einstigen Felsenbrüter bauen ihre lockeren Zweignester nämlich in Bahnhöfen, lieben historische Gebäude und machen eine Menge Schmutz. Ihr Kot klebt zentimeterdick auf den Vorsprüngen der Fassaden. Viele Städte kämpfen gegen diese gurrenden »Schmutzfinken« an. Das üppige Nahrungsangebot führt dazu, dass sich die Tauben stärker vermehren als anderswo. In den schmutzigen Nestern werden zwar nicht alle Jungvögel flügge, aber dennoch wächst die Anzahl der Tauben stetig. Deshalb solltest du sie eigentlich nicht füttern.

Rasanter Jagdflieger

Hilfe bei der Eindämmung der Taubenscharen bekommen die Menschen von dem ebenfalls zugezogenen Wanderfalken, der Tauben zum Fressen gern hat. Mit über 300 km/h stürzt er sich auf seine Beute, die er fast immer in der Luft erwischt. Auch wenn nicht jeder Angriff erfolgreich ist, gibt es so viele Beutetiere, dass er und seine Jungen niemals Hunger leiden.

Die Wanderfalken waren vor vielen Jahren bei uns schon so gut wie ausgestorben. Pflanzenschutzmittel, die damals auf Feldern ausgebracht wurden, vergifteten seine Beutetiere, meist Tauben. Durch das Fressen der vergifteten Tiere reicherte sich im Körper der Falken Gift an und ließ die Schalen seiner Eier so dünn werden, dass sie beim Brüten zerbrachen. Es gab bald keinen Nachwuchs mehr.

Zu allem Überfluss machten damals Taubenzüchter erbarmungslos Jagd auf ihn und plünderten die Nester.

In den Städten hat er einen neuen Lebensraum gefunden, sodass heute viele Wanderfalken an Häusern, in Türmen

oder auf Brückenpfeilern brüten.

Der Graureiher *(rechts)* hat gelernt, dass ihm an den Teichen in der Stadt kaum Gefahr von Feinden droht. Die Menschen lassen ihn meist in Ruhe, sofern er nicht gerade die wertvollen Koikarpfen oder hübschen Goldfische aus einem Gartenteich fängt.

Ob weiter draußen in den ruhigen Randbezirken oder in Parks und auf Friedhöfen findest du die Ringeltaube, die größte Taube, die es bei uns gibt. Sie ist leicht an ihrem weißen Halsring zu erkennen. Eicheln, Bucheckern und Samen von Gräsern stehen auf ihrem Speiseplan. Auch sie findet es zuweilen ganz praktisch, einen Balkonkasten als Nestunterlage zu benutzen *(Bild S. 16 unten)*.

Früher zu Tausenden, heute fast ausgestorben: die Haubenlerche *(Bild unten)*. Weil es fast keine wenig bewachsenen Brachflächen mehr gibt, versuchen die letzten Paare auf begrünten Flachdächern in der Stadt zu nisten.

Wer schnattert denn da?

Die Schwäne und Enten auf den Stadtgewässern bilden ein buntes Bild. Stockenten sind mit Menschen so vertraut, dass sie sogar nicht selten in Blumenkästen oder auf Dächern von Häusern brüten. Schwierig wird es dann für die Enteneltern, den flaumigen Nachwuchs zum nächsten Teich zu führen.

Außerdem siehst du Blässhühner, Haubentaucher, Höckerschwäne und mittendrin – was ist das? Eine Zuwanderin aus dem fernen Orient, die bunte Nilgans *(rechts)*. Wie ist sie hierher gekommen?

In den 1970er Jahren kamen sie aus Großbritannien, wo sie als Ziergeflügel gehalten wurden. Hierzulande bevölkern sie inzwischen Liegewiesen und Uferbereiche und haben sich tatsächlich zur Plage entwickelt. Überall hinterlassen sie ihren Kot und verhalten sich sowohl Menschen als auch anderen einheimischen Tierarten gegenüber aggressiv.

Groß und mit glänzend schwarzem Gefieder sehen wir mitten auf einem Teich die Kormorane stehen *(rechts)*. Sie haben die Flügel ausgebreitet und trocknen ihr Gefieder nach ihren Tauchgängen in der Sonne. Angler mögen die Kormorane nicht. Sie meinen, Kormorane schnappen ihnen die besten Fische weg.

Das Nest dieses Höckerschwans steht in einem Hafenbecken und besteht zum Großteil aus Plastikmüll, den der Schwan aus dem Wasser gefischt hat.
Ob das gut für seine Eier und Jungen ist?

Über niedliche Gänseküken, die nicht vor Menschen flüchten, freuen wir uns im Frühjahr. Doch wenn die Liegewiesen an Badeseen von Nilgänsen *(links unten)* und Graugänsen *(unten)* im Sommer belegt und mit Kothäufchen übersät sind, haben die meisten Städter nur noch wenig Verständnis für ihre Mitnutzer.

Gartenteiche laden ein

Verwunschene Teiche gibt es heute überall in den Städten: Zahlreiche Gartenteiche, Wasserfässer mit Zwergseerosen, Seen in Grünanlagen oder Schwimmteiche sorgen für Entspannung und eine entsprechende Tier- und Pflanzenwelt. Hier haben Wildtiere ein neues Zuhause gefunden, deren natürliche Lebensräume auf dem Land zerstört wurden.

Moore und Auen wurden trockengelegt, um neues Ackerland zu schaffen. Flussläufe wurden begradigt, kanalisiert und mit Betonufern versehen. Auf dem Land werden Düngemittel und Gifte (Pestizide) abwechselnd auf dem Land ausgebracht. Das sind viele Gründe zum Abwandern, denn in der Stadt finden sich nun viel leichter Nahrung, Uferbewuchs und

friedliche, stille Gewässer für die Vermehrung. So ist es kein Wunder, wenn es in der Stadt überall quakt, der Wasserfrosch *(S. 44 links unten)* zufrieden auf den Seerosenblättern thront, die Prachtlibelle *(S. 44 rechts oben)* mit ihren schönen blauen Flügeln ebenso wie die Plattbuchlibelle *(rechts)* die Menschen verzaubert und der Graureiher ungestört nach Fischen und Molchen Ausschau hält. Die Artenvielfalt in städtischen Feuchtbiotopen hat enorm zugenommen.

Posthornschnecke

Teichmuscheln mit Bitterling

Teichmolch

Lautlos über der Stadt

Was fliegt mitten in der Nacht lautlos herum und hängt tagsüber verschlafen im Gebälk von Dachböden? Es sind die Kobolde der Nacht, die Fledermäuse.

Das große Mausohr ist mit etwa 40 cm Flügelspannweite die größte bei uns vorkommende Fledermausart.

Bei Einbruch der Dämmerung kommen sie aus ihren Schlupflöchern hervor. Lautlos, wie Gespenster, fliegen sie im Zickzackflug auf die Jagd. Im Schein der Laternen versammeln sich unzählige vom Licht angelockte Insekten. Eine reiche und leichte Beute!

Dabei sehen Fledermäuse sozusagen mit den Ohren und bräuchten selbst das Licht nicht. Sie orientieren sich mit Hilfe von Ultraschall und Echoortung. Dafür erzeugen sie in ihrem Kehlkopf Ultraschallsignale, schnelle, kurze Schreie, die auf ein Hindernis oder eine Beute treffen. Die Signale breiten sich wie Wellen aus und werden von dem Hindernis reflektiert (zurückgeworfen). Wie ein Echo kehrt die Information in die großen Fledermausohren zurück.

In Dachstühlen von Häusern hängen über den Sommer manchmal Hunderte Fledermäuse. Es sind Wochenstuben, Orte *(Bild rechts)*, an denen sie gleichzeitig ihre Jungen zur Welt bringen.

In Randbezirken der Stadt, wo es weite Flächen, Parkanlagen und Gewässer gibt, aber auch mitten in der City haben Fledermäuse neue Jagdreviere und Unterschlupfe gefunden. Sogar für Fledermäuse werden Wohnkästen aufgehängt und an Hauswänden und Dächern besondere Steine mit Spalten eingebaut.
Für uns sind Fledermäuse äußerst nützliche Tiere, vertilgen sie doch Tausende von Mücken, Nachtfaltern, Schnaken und andere uns belästigende Insekten.

Ein seltener Anblick: ein Graues Langohr mit einem erbeuteten Tagpfauenauge.

Auf Nachtpatrouille

Wer steht denn da am helllichten Tag an der Bushaltestelle? Es ist Reineke Fuchs, der die Scheu vor Autos, Menschen und Häusern längst verloren hat. Auf den stark befahrenen Straßen findet der Fuchs überfahrene Mäuse und andere tierische Verkehrsopfer.
Ungeniert durchstöbert er auch bei Tag die Mülltonnen und sucht sich die ihm

mundenden weggeworfene Lebensmittel in alle Ruhe heraus. Und nicht nur das: In manch städtischen Fuchsbauten, die du in Hecken, Parks und sogar auf Spielplätzen entdeckst, findest du von Mama Fuchs herbeigeschafftes Spielzeug. Fuchswelpen spielen nämlich genauso gerne mit Dingen wie kleine Hundekinder. Freilich, in der Natur ist das nicht so, aber da krabbeln in der Nähe des Fuchsbaus vielleicht doch noch mehr spannende Käfer herum.

Der weitläufige und oft über Jahrzehnte benutzte Bau eines Dachses wird wohl meist nur vor den Toren der Städte zu finden sein. Die Vorteile der Stadt weiß aber auch er zu schätzen. Weggeworfenes Fastfood, andere Lebensmittel, überfahrene Tiere, aber auch Beeren und Fallobst in den Gärten stehen auf seinem »Stadtspeiseplan«.
Meister Grimbart, wie ihn die Jäger nennen, ist ein dickes, behäbiges Tier, das bis zu 17 kg wiegen kann.

Autoknacker & Poltergeist

Als »Automarder« ist der flinke Steinmarder bekannt und gefürchtet, denn nicht selten zerbeißt er auf seinen nächtlichen Streifzügen Zündkabel und Kühlwasserschläuche. Behände läuft er, jede Deckung nutzend, durch sein Revier und betrachtet Autos als wundervolles Versteck.
Wehe, es wagt sich ein anderer Marder hierher und schnüffelt gar in »seinen« Autos herum. Dann wird der Revierinhaber so wütend, dass er die Kabel und Schläuche im Motorraum zerbeißt.
Das Auto ist sein Spiel- und Ruheplatz, wo er nach der Jagd auf Ratten, Mäuse und schlafende Vögel gern eine Pause

einlegt. Mit seinem schlanken Körper, dem dunkelbraunen Fell, dem weißen Brustlatz und dem buschigen Schwanz ist er leicht zu erkennen. Mit wellenförmigen Sprüngen bewegt er sich geschmeidig voran.

Doch wer einen Steinmarder auf dem Dachboden hat, meint, über ihm würden die Geister poltern.

Ist der Steinmarder schon bis in die Innenstädte vorgedrungen, so hat es der viel kleinere Siebenschläfer erst bis in die Häuser der Vororte geschafft.

Dort ist er dann auch als nächtlicher »Poltergeist«, den kaum jemand mal sieht, bekannt. Gerne kommt dieses, ohne seinen buschigen Schwanz nur etwa 15 cm messende Nagetier auf

Dachböden, wo es den Tag über schläft. In der Nacht aber poltert und rumort es, dass die Einwohner meinen, Einbrecher wären da. Hat sich der Siebenschläfer erst einmal eingerichtet, wird man ihn so bald nicht wieder los.

Tierische Gangster in Kassel

In der Stadt Kassel in der Mitte Deutschlands gibt es ganz berühmte tierische Bewohner, nämlich die aus Nordamerika stammenden Waschbären.
Einst am Edersee ausgesetzt, vermehrte sich der kleine Bär so rasant, dass er nicht nur die hessischen Wälder bewohnt, sondern auch Einzug in die Stadt Kassel gehalten hat. Kein Haus, keine Mülltonne ist vor den Räubern mit der schwarzen Augenmaske, die uns an einen maskierten Gangster und an »Zorro« erinnern, sicher.
Der Waschbär ist ein hervorragender Kletterer und frech wie kein anderer. Im Bergpark Wilhelmshöhe frisst er den Parkbesuchern das mitgebrachte Butterbrot aus der Hand. Eigentlich haust er in Baumhöhlen. Findet er von diesen nicht genügend, richtet er sich auf Dachböden und in Kellern, Schuppen und Gartenhäuschen ein.
Weißt du, wieso der Waschbär seinen Namen trägt? Bevor er etwas frisst, dreht und wendet er sein Futter in seinen handgleichen Pfoten, um es genau kennenzulernen. Im Wasser ist sein Gefühlsempfinden noch besser, sodass er einiges von dem, was er aufsammelt, auch selbst ins Wasser bringt und dort

befühlt. Manchmal sieht das dann so aus, als ob er etwas abwäscht.

Der Waschbär ist ein Raubtier und Allesfresser, der sowohl Eier aus dem Hühnerstall stiehlt als auch mal ein Huhn zum Verzehr tötet.

Obstbaumbesitzer können den kleinen Bären auch nicht gut leiden, denn egal, ob Kirschen, Pflaumen oder Birnen, er erklimmt die Bäume und erntet gründlich ab. Dabei frisst er nur einen kleinen Teil, das meiste wirft er angebissen hinunter.

Hat jemand vergessen ein Fenster zu schließen, aus dem es verführerisch duftet, und Waschbären sind in der Nähe, kann es sein, dass diese die ganze Küche nach den Köstlichkeiten durchsuchen und dabei verwüsten.

Erdarbeiter Wildschwein

Wildschweine sind in der Stadt inzwischen keine Seltenheit mehr. In Rotten trollen sie sich durch die Grünanlagen, wühlen und graben mit rüsselartigen Schnauzen die Mittelstreifen zwischen den Fahrbahnen durch und suchen nach Würmern, Käfern und Eicheln. Wildschweine sind ursprünglich Waldbewohner und Allesfresser. Die zahlreichen weggeworfen Tüten verschiedener Fast-food-Ketten, mit Burgerresten angefüllt, finden Wildschweine besonders lecker, ebenso wie die Reste, die sie in der Nähe von Frittenbuden oder Back- und Coffee-Shops finden. Aufgewühlte Grünflächen in der Stadt weisen immer auf Wildschweine hin.
Wildschweine sind mächtige Tiere. Da gehen wir lieber in Deckung, wenn so ein 200 Kilogramm schweres Wildschwein hungrig unseren Weg kreuzt. Wie gut, dass sie meist nur in der Dämmerung

unterwegs sind. In Vorgärten, Laubenpiepergärten, das sind Gartenanlagen in der Stadt mit kleinen Häuschen, wühlen die Wildschweine gnadenlos alles um. Gar nicht so selten stehen sie sogar verwundert vor einer Terrassentür und betrachten ihr Spiegelbild, dringen in Wohnzimmer ein, wenn die Terrassentür einladend offensteht und richten eine

Menge Schaden an. Das ist natürlich ein Problem, das viele dieser zugezogenen Tiere betrifft. In dem Moment, in dem sie Schaden anrichten, etwas zerstören, was uns lieb und wichtig ist, verteufeln wir die, die wir sonst so niedlich finden und in Tierparks und Zoos füttern. Doch ist das nicht ungerecht? Schließlich haben wir ihnen ja auch ihren Lebensraum zerstört!

Das Miteinander muss geübt werden. Wir müssen lernen, uns vor tierischen Übergriffen zu schützen. Ein stabiler Zaun wäre gut und vielleicht die Einsicht, dass wir Lebensmittel nicht so achtlos in die Gegend werfen sollten.

Lieblingstiere

Igel und Eichhörnchen gehören zu den Lieblingen der Stadtmenschen. Eichhörnchen in Parks und auf den Friedhöfen werden so zutraulich, dass sie den Besuchern aus der Hand fressen.

Sie haben seit Jahrzehnten gelernt, dass ihnen die Stadt viele Vorteile bietet und weniger natürliche Gefahren auf sie lauern.
Mit den neuen, städtische Gefahren umzugehen fällt ihnen allerdings schwer, denn der Straßenverkehr tötet meist die ihm über den Weg laufenden Tiere. Sie lernen nur über Jahre, mit solchen Gefahren umzugehen und vorsichtiger zu sein.

Dem Igel, der mehr durch die Vorstadtgärten streift, wird oft ein Schüsselchen mit Futter hingestellt.
Menschen füttern Tiere gerne. Leider wird es für diese langjährigen, tierischen Bewohner in der Stadt immer gefährlicher. Die breiten Straßen zu überqueren endet meist tödlich. Wie oft locken die bereits toten Tiere auf der Fahrbahn Aasfresser an, die dann ebenfalls überfahren werden. Essensreste in raschelnden Fastfood-Tüten sind nicht weniger verlockend und gleichzeitig gefährlich.
Manche Tierarten kreuzen regelmäßig die stark befahrenen Straßen: Kröten und Frösche, die im Frühjahr auf dem Weg zu ihrem Laichgewässer sind, werden zu Tausenden überfahren. Naturschützer legen extra Schutzzäune an, um die Tiere zu zwingen, durch Tunnel zu krabbeln.
Ähnlich funktionieren »grüne Brücken«

über Autobahnen. Gefahrlos können Tiere dort von einer Seite zur anderen wechseln.
Stadthunde, ob groß oder klein, lernen bestimmte Tiere oft sehr schnell zu respektieren. Der Hund, der einmal eine Kröte schnappt, tut es kein zweites Mal, denn ihr giftiges Hautsekret ist für ihn eine unvergesslich scheußlich schmeckende Erfahrung.
Manche Hunde stöbern zwar gern Igel auf, krümmen ihnen jedoch nie einen Stachel. Sie lernen sofort, dass das ewige Anbellen des Stacheltiers sinnlos ist und sie sich nur eine blutige Nase holen, wenn sie die Stachelkugel packen.

Kanalarbeiter

Hausratten, Wanderratten und Mäuse suchen überall nach Speiseresten. Nur selten beobachten wir die unangenehmen Nager am Tage. Während die Hausratten und Mäuse schon immer in

der Nähe des Menschen lebten und sich an seiner Vorratshaltung gütlich taten, wurden die Wanderratten erst später eingeschleppt. Mit den Handelsschiffen kamen sie aus Asien und verbreiteten sich schnell, wo auch immer sie an Land gelangten. Weil sie bis zu sieben Mal im Jahr Junge bekommen und dabei jedes Mal bis zu zehn Junge werfen, ist es klar, wie schnell das Rattenvolk wächst.

Ratten leben in der Unterwelt, tief in der Kanalisation, die wie eine unterirdische Stadt die Abfälle und den Schmutz der Menschen aufnimmt und zu den Kläranlagen transportiert. Unter der Erde existiert ein regelrechtes Nager-Schlaraffenland. Ungestört laufen die Ratten herum, vermehren sich und verfolgen die Spuren der Nahrung bis zu ihrem Einleitungsort, selbst wenn es die Toilette in einem Haushalt ist. Entsorgte Speisereste haben sie hierher geführt. Spätestens dann, wenn die Ratte aus der Kloschüssel guckt, lernen die Menschen um!
Ratten sind übrigens schlaue, lernfähige Tiere, können super gut klettern und schwimmen.

Die viel kleineren Hausmäuse sind weltweit verbreitet und bekannt dafür, dass sie sich nahezu jedem Lebensraum anpassen. Schon auf den Schiffen der großen Entdecker fuhren sie monatelang zur See, ohne zu verhungern. In der Nähe des Menschen leben sie immer

wie im Schlaraffenland, und das seit Tausenden von Jahren.
Im Mittelalter besetzten sie schon die Kornkammern unserer Vorfahren. Leider verschmutzen sie alle Nahrungsmittel mit Kot und Urin, sodass sie unbrauchbar wurden.
Durch ihre Hinterlassenschaften kam und kann es zur Übertragung von Krankheiten kommen. Das berühmteste Beispiel für die schlimmen Ausmaße einer solchen Krankheit, ist die Pest, an der Millionen Menschen starben.
In der Stadt lieben die Mäuse die wohlige Wärme. In Häusern und Garagen, in den Schächten der U-Bahnen finden sie Sommer wie Winter die idealen Lebensbedingungen. „Ist das Angebot hoch, steigt die Nachfrage." Kein Wunder, dass die zahlreichen Kleinsäuger in der Stadt die größeren Tiere angelocken. Viel schneller als auf dem weiten Feld oder im Wald können Fuchs, Krähen und Dachse ihren Hunger stillen. Zum Glück!
In Gärten und Parkanlagen leben andere Mäuse, wie die von Nüssen, Beeren und Samen lebende Waldmaus (unten), die ihr sehr ähnliche Gelbhalsmaus oder die jeden Gartenbesitzer ärgernde, gefräßige Wühlmaus.

Im »Grün« der Stadt

In Randbezirken großer Städte oder in Kleinstädten mit viel Grün, alten Häusern, bunten Gärten und schönen Parks, Spielplätzen und Sportanlagen konnten sich Pflanzen und Tiere über einen langen Zeitraum ausbreiten. Mensch und Tier leben hier schon lange in enger Gemeinschaft.

In den städtischen Parkanlagen, auf Friedhöfen und in Zoos entstehen ungestörte Nischen für die Tiere, so auch an Bahndämmen, auf verlassenen Baustellen, in Kleingärten und an Wegrändern. Hier bekommt die Natur die allergrößten Chancen. Unscheinbare Pflanzen breiten sich rasant aus. Moose, Flechten und Sträucher bilden Biotope mit einem ganz besonders tierfreundlichen Klima. Reichlich Sauerstoff gibt es in diesen Naturoasen, Vogelnester bleiben ungestört, Eidechsen leben wie im Paradies, Siebenschläfer beziehen Nistkästen und viele Pflanzen, wie Brennnessel, Weidenröschen, Goldrute, Kamille, Löwenzahn, Franzosenkraut, Disteln, Indisches Springkraut und Birken werden für Schmetterlinge und Käfer zur Lebensgrundlage.

Der Wind, die Vögel, die Züge, die mit Höchstgeschwindigkeit durch die Lan-

An den Pflanzen finden sich zahlreiche Insekten, wie Fliegen, Schwebfliegen, Bienen und Schmetterlinge *(z.B. der Distelfalter S. 34 rechts oben)* ein. Sie locken Spinnen an, die sich schnell vermehren, und bilden Samen, die die Vögel fressen. Einstige Steppenbewohner, wie Wildkaninchen *(unten)*, Feldhamster *(links)* und Ziesel *(Seite 43)*, sowie die in Felsspalten und auf Geröllflächen lebenden Zauneidechsen *(S. 34 links)* ziehen in die für sie attraktiv gewordenen Städte.

de rasen, haben die Samen der Pflanzen aufgewirbelt und nehmen sie auf ihrer Reise ein Stück mit. So verbreiten sich die Pflanzen und es entstehen neue, kleine Biotope.
Inzwischen erkennen zum Glück auch immer mehr Menschen, wie wichtig Insekten sind. Bürgermeister lassen Straßenränder und Mittelstreifen mit Blumen einsäen und sparen dabei außerdem die Kosten für das wöchentliche, teure Abmähen.

Zuerst kamen die Vögel

Lange bevor die großen Tiere, wie Fuchs und Wildschwein, die Vorzüge der Stadt entdeckten, fanden Vögel den Weg dorthin. Lärm, Smog, Müllberge, Betonwüsten hielten die einstigen Wald- oder Felsbewohner nicht ab, hier nach Nistmöglichkeiten und Nahrung zu suchen.

Der Amselhahn singt morgens und abends auf dem Dach und hilft bei der Aufzucht seiner Jungen im Balkonkasten eines Hauses.

Viele Vogelarten, wie die Kohlmeisen oben, der Buntspecht unten oder Sperlinge und Finken – der Grünfink rechts – freuen sich das ganze Jahr über die Fütterung.

Andere Vogelarten besetzen die reichlich angebotenen Nistkästen oder brüten in Fensternischen, Mauerspalten, auf und an Hochhäusern, manchmal mitten in den großen Buchstaben von Leuchtreklamen. Aber sie nutzen auch gerne die stillen Orte: Parkanlagen mit alten Bäumen, Friedhöfe, stillgelegte Bahnhöfe und Gleisanlagen sowie verwilderte Brachflächen.

Amsel, Drossel, Fink und Star, ja eine ganze Vogelschar findet heutzutage Platz und Futter in der Großstadt. Allein Berlin hat 180 Vogelarten als Zuwanderer zu verzeichnen.
Die Menschen in der Stadt dulden ihre Nester in den Balkonkästen, wie die der Amsel oder des Grünfinken *(unten)*, und freuen sich über die hungrigen Vogelkinder.

Besonders der hübsche Gartenrotschwanz hat durch das Aufhängen von für ihn geeigneten Nistkästen mit ovalem Einflugloch in den Gärten der Städte stark zugenommen.

Zu futtern gibt es für Singvögel, wie Buntspecht, Nachtigall, Grünfink, Gartenrotschwanz, Spatzen und Meisen genug. Kuchen- und Brotkrümel, Blumen- und Grassamen, zahlreiche Insekten decken ihren Tisch.
In der Stadt füttern viele Menschen, so wie von Vogelforschern empfohlen, die Vögel das ganze Jahr hindurch.

Honig vom Dach

Wenn wir früher mit dem Auto über Land fuhren, wurde die Windschutzscheibe durch unzählige tote Insekten verschmutzt. Heute ist das nicht mehr so, die Zahl der Insekten ist dramatisch zurückgegegangen.

Lange vor uns sagte schon der berühmte Physiker Albert Einstein: „Vier Jahre nach dem Tod der letzten Biene stirbt der Mensch!“
So können wir von Glück sagen, dass es inzwischen auch viele Imker in der Stadt gibt. Hoch über den Straßen der Stadt, auf Flachdächern, stehen Bienenstöcke. Die Bienen sammeln an den nektarreichen, ungespritzten Blüten auf Balkonen, Terrassen und in Gärten, die überall zu finden sind.

Großstadtbienen haben zwar die Autoabgase zu verkraften, aber die sind weniger gefährlich als die Spritzmittel auf dem Land.
Die Honigbienen des Imkers haben es gut, denn er pflegt und hegt sie, füttert zu, wenn nicht genügend Vorrat in den Zellen ist, sodass sie nicht verhungern.
Helfen kann er ihnen nicht,

wenn sie durch Insektenschutzmittel auf ihren Sammelflügen getötet oder durch vergiftete Blühpflanzen krank werden. Wildbienen jedoch werden gar nicht gepflegt, es sei denn, umweltbewusste Menschen säen Blühwiesen ein und errichten Insektenhotels in ihrer Nähe.
Meist ist es jedoch das Gegenteil: Feld- und Wiesenränder werden häufig gemulcht. Das bedeutet, dass das Gras in einem Arbeitsgang geschnitten und gehäckselt wird, wobei sämtliche Blütenpflanzen, Insekten und Kleinsäuger ebenfalls grausam zerhackt werden.

Dabei wäre es so einfach: Blühende Straßenränder, Mittelstreifen und städtische Flächen in der Stadt und naturnahe Weg- und Feldränder würden mit nützlichen Wildkräutern nicht nur wunderschön bunt blühen, sondern uns als nützliche Bienenweide all den Reichtum an Wildbienen und Bestäubern »zurückschenken«.

Neben den Bienen bereichern Schmetterlinge, Grashüpfer und Libellen die Stadtnatur. Sie bilden die Nahrungsgrundlage für so viele andere Tiere, zum Beispiel für Frösche und Kröten, die wiederum auf dem Speiseplan der hübschen und seltenen Ringelnatter stehen.

Achtbeinige Fallensteller

Spinnen sind keine Insekten. Spinnen sind Spinnen, eine eigene Tierordnung, die sich durch ihre acht Beine auszeichnet.
Spinnennetze findest du in allen Ecken, in Wiesen, an Grashalmen, in Bäumen – überall. Spinnen jagen an Hauswänden und sind raffinierte Netzbauer. Manche Spinnen sind bei uns eingewandert. Sie leben schon lange hier und niemand stört sich an ihnen.
Weniger schön sind die Exemplare,

die *(Bild oben)* mit Bananenkartons lange Schiffsreisen hinter sich haben und sich auch für uns Menschen als hochgiftig herausstellen. Aber die sind zum Glück ja selten.

Links: Die in Städten sehr häufige Brückenspinne trägt ihren Namen zu Recht,. Unzählige von ihnen sitzen nebeneinander und hängen ihre Netze unter Brücken oder Unterführungen auf.

Aus dem Mittelmeergebiet wanderten zum Beispiel Zitterspinnen ein, die ursprünglich aus Vorderasien kamen. Die nun bei uns heimischen Zitterspinnen leben in Kellern und mögen es feucht. Eine Zitterspinne ist leicht zu erkennen: Kommst du ihrem Netz in der Zimmerecke zu nahe, beginnt sie zur Abschreckung heftig zu zittern und versetzt damit ihr Netz in Schwingung.
Diese Spinnen werden häufig mit den Weberknechten verwechselt, die einen kleinen runden Körper und recht lange Beine haben. Weberknechte bauen jedoch keine Netze.
Ebenfalls aus dem Mittelmeerraum zugezogen ist die Kräuseljagdspinne *(Bild unten)*, die unseren Wolfsspinnen ähnelt. Beide Spinnenarten sind völlig ungefährlich. Im Gegenteil, sie fressen Schaben und Stechmücken und sind deshalb für uns sehr nützlich.

Zitterspinnen tragen zunächst ihren Eikokon mit sich herum, später bewachen sie ihre Jungen.

Das Weibchen der Dunklen Wolfsspinne trägt seinen Eikokon am Hinterleib mit sich herum, später sogar eine Zeit lang die Jungen auf dem Rücken. Dies tun Kräuseljagdspinnen – links – nicht.

Berühmte Einwanderer

In den meisten Städten leben inzwischen auch exotische Tiere. Halsbandsittiche erfüllen die Luft mit ihrem Geschrei und übernachten zu Tausenden in Parkbäumen. Flusskrebse aus asiatischen Län-

dern vertreiben einheimische Krebse in unseren Gewässern. Ausgesetzte oder entflohene Tiere aus Privathaltungen und Tierparks fanden Nischen in unseren Städten. Oft werden sie zu Gefahren für unsere einheimischen Tierarten, wie zum Beispiel die Rotwangenschildkröten *(S. 45 rechts Mitte)*, die sich den Lebensraum unserer einheimischen Europäischen Sumpfschildkröten aneignen.
Manche Städte erlangen durch ihre tierischen Bewohner Berühmtheit. In Hamburg kennt jeder die zahlreichen Schwäne auf der Alster, in Berlin toben Wildschweinrotten durch die Stadt, in Wiesbaden leben die leuchtend grünen Halsbandsittiche und in Kassel geben sich die Waschbären ein Stelldichein.
In London leben Pelikane *(S. 45 unten)* und Graureiher mit Enten an Stadtteichen, während Venedig berühmt für seine Tauben auf dem Markusplatz ist. Die ursprünglich aus China stammende Mandarinente *(S. 45 oben)* wurde vor knapp 100 Jahren in Deutschland angesiedelt. Zum Brüten benötigt sie Bruthöhlen, die ihr leider bei uns oft fehlen oder von Waschbären besetzt werden.

Und wie ist das mit den Alligatoren in Florida, den Bären in Kanada und den Zieseln *(S. 45 rechts oben)* in Wien? Bestimmt findest du noch eine Menge über neue Stadtbewohner heraus.

Die aus Nordamerika stammenden Nutrias, auch Sumpfbiber genannt, haben sich auch bei uns schon weit verbreitet und werden örtlich zum Problem.

Unsere weiteren Fotosachbücher: brillant, informativ,

978-3-930038-45-9

978-3-930038-13-8

978-3-930038-24-4

978-3-930038-17-6

978-3-930038-27-5

978-3-930038-15-2

978-3-930038-04-6

978-3-930038-64-0

978-3-930038-07-7

978-3-930038-38-1

978-3-930038-68-8

978-3-930038-25-1

978-3-930038-66-4

978-3-930038-46-6

978-3-930038-47-3

978-3-930038-63-3

978-3-930038-34-3

978-3-930038-36-7

978-3-930038-35-0

978-3-930038-37-4

In Ihrer Buchhandlung oder Verlag Heiderose Fischer-Nagel, Brunnenstraße 7, D-34286 Spangenberg-